U0133425

中国林草应对气候变化

国家林业和草原局生态保护修复司
国家林业和草原局宣传中心　编

中国林业出版社
China Forestry Publishing House

图书在版编目（CIP）数据

中国林草应对气候变化 / 国家林业和草原局生态保护修复司，国家林业和草原局宣传中心编. — 北京：中国林业出版社，2022.12（2023.10重印）

ISBN 978-7-5219-2121-2

Ⅰ. ①中… Ⅱ. ①国… ②国… Ⅲ. ①气候变化－研究－中国 Ⅳ. ① P467

中国版本图书馆 CIP 数据核字（2023）第 004036 号

策划编辑：何　蕊

责任编辑：何　蕊　李　静

执　　笔：袁丽莉

装帧设计：五色空间

中国林草应对气候变化

Zhongguo Lincao Yingdui Qihou Bianhua

出版发行　中国林业出版社

（100009，北京市西城区刘海胡同7号，电话：83143580）

电子邮箱：cfphzbs@163.com

网　　址：www.forestry.gov.cn/lycb.html

印　　刷：河北京平诚乾印刷有限公司

版　　次：2022年12月第1版

印　　次：2023年10月第2次印刷

开　　本：787mm×1092mm　1/32

印　　张：3.75

字　　数：80千字

定　　价：35.00元

PREFACE 前言

十九届五中全会明确要坚持“绿水青山就是金山银山”理念，坚持尊重自然、顺应自然、保护自然，坚持节约优先、保护优先、自然恢复为主，守住自然生态安全边界。为了让更多人了解中国生态保护所做的努力，使生态保护、人与自然和谐共生的理念深入人心，国家林业和草原局宣传中心组织编写了“林业草原科普读本”，包括《中国国家公园》《中国草原》《中国自然保护地》《中国湿地》《中国国有林场》等分册。

全球气候正在显著变暖。20世纪中叶以来，全球平均气温以每10年0.15℃的速度上升，预计到21世纪中期，全球变暖仍将持续，气候变化不利影响和风险将不断加剧。中国位于全球气候敏感区，生态环境整体脆弱。随着全球进一步变暖，气候变化所带来的长期不利影响和突发极端事件，对中国经济社会发展和人民生产生活造成的威胁将日益严重。

习近平总书记在党的二十大报告中指出，“积极参与应对气候变化全球治理”。党的十八大以来，以习近平同志为核心的党中央高度重视应对气候变化国际合作，坚持共同但有区别的责任原则、公平原则、各自能力原则，坚定维护多边主义，引导应对气候变化国际合作，积极参与和引领全球气候治理，成为全球生态文明建设的重要参与者、贡献者、引领者。中国一直主动承担与国情相符合的国际责任，积极推进经济绿色转型，不断自主提高应对气候变化行动力度。言出必行，守信履诺，中国迎难而上，展现大国担当。为实现应对气候变化目标，中国克服自身经济、社会等方面困难，积极制定和实施了一系列应对气候变化的战略、法规、政策、标准与行动，推动中国应对气候变化实践不断取得新进步。

本书介绍了应对气候变化的相关知识，尤其对中国林草应对气候变化所做的努力和取得的成效做了重点介绍，同时通过各地林草应对气候变化的具体实践成果加深人们对中国应对气候变化的了解。

编者

2022年12月

▲ 生物防火林带

目录 CONTENTS

▲重庆市梁平区百里竹海

甘肃省酒泉六分西湖湿地

第一章 了解应对气候变化

气候变化与我们的日常生活息息相关，我们每个人都在或多或少地被气候变化影响着。你想象过持续变暖将会带来什么后果吗？是更极端和更具破坏性的风暴、洪水、高温、野火、干旱、疾病……以及全球经济的衰退。生活中我们也许没有特地去了解过气候变化，但诸如购买低能耗家电、绿色低碳出行、垃圾分类等观念却早已深入人心，这些都是我们为应对气候变化所做的点滴努力。在第一章的内容中，我们将简单了解什么是气候变化，为什么要应对气候变化，以及我国林草应对气候变化取得的成效。

01 什么是气候变化

气候变化是指在排除了相同时期内观测到的气候自然变异情况下，由直接或间接人为活动改变了地球大气的组成而造成的气候以变暖为主要特征的变化。

大家在日常生活中最熟悉的气候变化可能就是温室效应导致的气候变化。二氧化碳、甲烷、氧化亚氮、氢氟碳化物、全氟化碳、六氟化硫、三氟化氮等

▼ 内蒙古赤峰市克什克腾旗贡格尔草原

是目前国际公约规定控制的温室气体。大气中温室气体浓度上升，就会导致温室效应增强。地表吸收太阳的辐射并反射长波（热辐射、红外辐射），一些长波辐射被温室气体吸收而向各个方向辐射，向下辐射的部分使地表增温，于是便导致了气候变化。

目前，全球每年向大气排放约510亿吨的温室气体，全球升温趋势日益凸显，减少温室气体排放、减缓气候变暖进程已成为国际社会广泛共识。《巴黎协定》要求《联合国气候变化框架公约》（UNFCCC）

▼ 山西省朔州市平鲁区棋盘山三北防护林工程

△ 重庆市梁平区百里竹海

缔约方明确国家自主贡献目标，推动碳排放尽早达到峰值并实现中和，在21世纪末将全球升温控制在2℃以内。

气候变化影响着自然生态系统和人类社会生活，对自然生态系统的影响是最大且最复杂的。气候变化导致的气温增高、海平面上升、极端天气与气候事件频发等，对自然生态系统和人类生存环境产生了严重影响。

气候变化问题已引起全世界的广泛关注，成为当今人类社会亟待解决的重大问题。据政府间气候变化专门委员会的报告，如果温度升高超过2.5℃，全球所有区域都可能遭受不利影响，发展中国家所受损失尤为严重；如果升温4℃，则可能对全球生态系统带来不可逆的损害，造成全球经济重大损失。

因此，应对气候变化是全人类的共同事业。

一问一答

Q：能造成温室效应的气体有哪些？

A：二氧化碳、甲烷、氧化亚氮、氢氟碳化物、全氟化碳、六氟化硫、三氟化氮等。

咸阳市马栏国有生态林场

△ 安徽省滁州市全椒县神山国有林场黄栗树营林区

02 全球应对气候变化的发展历程

气候变化问题自 20 世纪 70 年代开始被广泛研究，80 年代逐渐引发全球关注，经过 40 年的发展，逐渐成为各方政治力量角逐的舞台之一。当前，全球应对气候变化的基本框架已经建立，主要涵盖研究支撑和公约协定两条主线。

• 研究支撑

联合国政府间气候变化专门委员会（IPCC）是全球应对气候变化的主要支撑机构，由世界气象组织（WMO）及联合国环境规划署（UNEP）于 1988

年联合建立，其主要任务是总结气候变化的“已有知识”，评估气候变化对社会、经济的潜在影响以及适应和减缓气候变化的可能对策，旨在为决策者提供有关气候变化严格而均衡的科学信息。

IPCC 每 5 年发布一次气候变化评估报告，支撑应对气候变化政策的制定。这些报告已成为国际社会认识气候变化问题、制定相关应对政策的主要科学依据。

1990 年，IPCC 发布第一次评估报告，确认了气候变化的科学依据。

1996 年，IPCC 发布第二次评估报告，指出二氧化碳排放是人为导致气候变化的最重要因素，并表示

▲重庆市奉节县旱夔门

气候变化带来许多不可逆转的影响。

2001 年，IPCC 发布第三次评估报告，指出观测到的地表温度上升主要归因于人类活动，称由人类活动引起气候变化的可能性为 66%，并预测未来全球平均气温将继续上升，几乎所有地区都可能面临更多热浪天气的侵袭。

2007 年，IPCC 发布第四次评估报告，指出全球气候系统的变暖毋庸置疑，观测到的全球平均地面温度升高很可能是由于人为排放的温室气体浓度增加导致（可能性达到 90%）。

2013—2014 年，IPCC 发布第五次评估报告，以更全面的数据来凸显应对气候变化的紧迫性。

山西省广灵县千福山京津风沙源治理工程

2021—2022年，IPCC发布第六次评估报告，表明要将变暖控制在不超过工业化前2℃以内仍需要全球温室气体排放在2025年前达到峰值，并在2030年前减少1/4。

- 公约协定

全球应对气候变化，以《联合国气候变化框架公约》为基本框架，通过《京都议定书》(《联合国气候变化框架公约》补充条款)、《〈京都议定书〉多哈修正案》与《巴黎协定》，对2008—2012年、2013—2020年、2020年之后三阶段减排行动作出了安排。

从目标要求来看，减排压力逐渐加大。《京都议定书》规定了《联合国气候变化框架公约》附件一

△ 绿水青山塞罕坝

所列发达国家和转轨经济国家2008—2012年（第一承诺期）温室气体排放量在1990年的水平上平均削减至少5%；《〈京都议定书〉多哈修正案》规定附件一所列缔约方在2013—2020年（第二承诺期）将温室气体的全部排放量在1990年水平上至少减少18%；《巴黎协定》提出将本世纪全球气温升幅控制在2℃以内，并努力争取限制在1.5℃以内。

从执行方式来看，由“自上而下”向“自下而上”转变。《京都议定书》和《〈京都议定书〉多哈修正案》在总体减排目标下，划分《联合国气候变化框架公约》附件一所列发达国家和转轨经济国家各自减排量。《巴黎协定》规定各方将以“自主贡献”的方式参与全球应对气候变化行动，各方根据不同的国情，逐步增加当前的自主贡献，并尽可能增大力度。

一问一答

Q：什么是碳达峰?

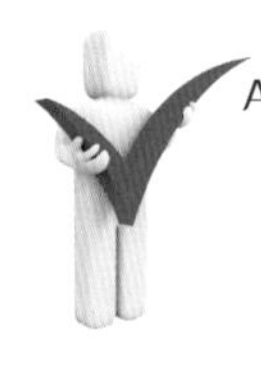

A：是指某个地区或行业在某一个时间点，二氧化碳的排放量不再增长，达到峰值，之后逐步回落，是二氧化碳排放量由增转降的历史拐点。

黑龙江两岸森林

03 中国应对气候变化的必要性

目前世界各国受气候变化影响的评价尚存在较大的不确定性。但现有研究表明，气候变化已经对中国产生了一定的影响，造成了沿海海平面上升、西北冰川面积减少、春季物候期提前等，而且未来将继续对中国自然生态系统和经济社会系统产生重要影响。

与此同时，中国还是一个人口众多、经济发展水

▲ 美丽的科尔沁草原

平较低、能源结构以煤炭为主的发展中国家，随着城镇化、工业化进程的不断加快以及居民用能水平的不断提高，中国在应对气候变化方面面临着严峻的挑战。

气候变化已经对中国的森林和其他生态系统产生了一定的影响，主要表现为近50年中国西北冰川面积减少了21%，西藏冻土最大减薄了4~5米。未来气候变化将对中国森林和其他生态系统产生不同程度的影响：一是森林类型的水平分布发生北移，山地森

▼ 山西省临汾市永和县沿黄三北防护林工程

山西省柳林县三北生态农业文化园绿化工程

林垂直带谱向上移动，一些珍稀树种分布区可能缩小；二是森林生产力和产量呈现不同程度的增加，森林生产力在热带、亚热带地区将增加 1% ~ 2%，暖温带增加 2% 左右，温带增加 5% ~ 6%，寒温带增加 10% 左右；三是森林火灾及病虫害发生的频率和强度可能增高；四是内陆湖泊和湿地加速萎缩；五是冰川与冻土面积将加速减少，到 2050 年，预计西部冰川面积减少 27% 左右，青藏高原多年冻土空间分布格局将发生较大变化；六是积雪量可能出现较大幅度减少，且年际变率显著增大；七是将对物种多样性造成威胁，可能对大熊猫、滇金丝猴、藏羚羊和秃杉等珍稀濒危野生动植物物种产生较大影响。

2020 年 9 月 22 日，习近平主席在第七十五届联合国大会一般性辩论上提出，中国二氧化碳排放力

争于2030年前达到峰值，努力争取2060年前实现碳中和，充分展现了我国全力推进绿色低碳转型和经济高质量发展的巨大勇气和坚定信心。

碳达峰、碳中和目标是我国基于推动构建人类命运共同体的责任担当和实现可持续发展的内在要求而作出的重大战略决策，展示了我国为应对全球气候变化作出的新努力和新贡献，体现了对应对气候变化多边主义的坚定支持，为国际社会全面有效落实《巴黎协定》注入强大动力，重振了全球气候行动的信心与希望，彰显了中国积极应对气候变化、走绿色低碳发展道路、推动全人类共同发展的坚定决心。习近平主席系列重大宣示，向全世界展示了应对气候变化的中国雄心和大国担当，是我国从应对气候变化的积极参与者、努力贡献者，逐步成为重要引领者的关键一步。

一问一答

Q：什么是碳中和?

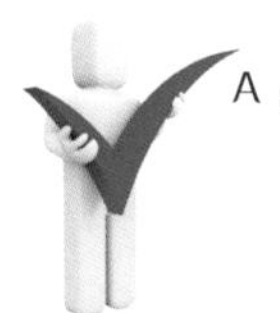

A：是指一个时期内，全球（国家、区域）通过人为二氧化碳消除量（吸收量）与人为二氧化碳排放量达到平衡，实现二氧化碳“净零排放”。

▼ 咸阳市长武县红星国有生态林场

黑龙江拜泉水保林

04 中国林草应对气候变化取得的成效

我国对气候变化问题给予了高度重视，成立了国家气候变化对策协调机构，并根据国家可持续发展战略的要求，制定了一系列与应对气候变化相关的政策和措施，为减缓和适应气候变化作出了积极的贡献，并取得了显著的成效。

● 构建林业和草原碳汇计量监测体系

2009 年，我国启动了全国林业碳汇计量监测体系建设，在中国林业科学研究院成立碳汇研究中心，设立了全国林业碳汇计量监测体系建设财政专项，积

极开展林草碳汇计量监测、国家温室气体清单编制工作。通过体系建设试点、制订总体方案、模型研建、标准规范和基础数据建设等工作，逐步建立了符合国际规则并具有中国特色的林草碳汇计量监测体系。

自 2014 年起，在全国建立了 1.64 万个“土地利用、土地利用变化与林业”（LULUCF）监测样地，已完成 3 次全国碳汇计量监测工作。基于土地利用变化大样地，结合全国森林资源清查样地的监测情况，按照国际规则，可满足我国向《联合国气候变化框架公约》提交的国家土地利用、土地利用变化与林业温室气体清单要求。

目前，我国已向联合国气候变化框架公约报送了

▼江西万年湿地

3次气候变化国家信息通报和5次国家温室气体清单（林业清单）。研究提出了我国到2020年、2030年向世界承诺的森林目标，为我国林业参与应对全球变化作出了重要贡献，产生了积极影响。

- 巩固提升林业和草原碳汇能力

一是构建国土绿化空间新格局。强化区划引领，编制《全国国土绿化规划纲要（2021—2030年）》，确立了以“三区四带”为骨架，以山系、水系、通道等为网络，以森林、草原、荒漠、湿地生态系统保护修复为重点的国土绿化空间格局，积极推进林草生态系统保护修复工作，实现“面”“质”双效提升。

二是持续推进大规模国土绿化。按照统筹山水林

广西梧州珠江防护林

田湖草沙冰系统治理要求，认真落实《全国重要生态系统生态保护和修复重大工程总体规划（2021—2035年）》和《“十四五”林业草原保护发展规划纲要》确定的国土绿化目标任务，科学布局和组织实施青藏高原生态屏障区、黄河重点生态区（含黄土高原生态屏障）、长江重点生态区（含川滇生态屏障）、东北森林带、北方防沙带、南方丘陵山地带、海岸带生态保护和修复重大工程，加快构建以国家公园为主体的自然保护地体系建设。积极开展国家储备林建设，深入开展全民义务植树，积极推进森林城市建设、乡村绿化美化，注重一体化城乡绿化，多形式推动增绿增汇。

赛罕坝

做好涉林涉草国际履约工作

按照政府间气候变化专门委员会《2006年IPCC国家温室气体清单指南》，我国在2009年启动了林业应对气候变化碳汇计量和监测体系建设，先后3次完成全国碳汇计量分析，建立了与国际接轨、具有中国特色的林草碳汇计量分析总体框架和科学方法。

强化林业生物质能源管理工作

因地制宜开展能源林培育，加强现有低产低效能源林改造，稳步提高能源林建设规模和质量。培育扶持龙头骨干企业，逐步推进林业生物质能源分布式、基地型、园区集约化发展。加强生物质热化学转化及

多联产技术科技攻关，打造综合利用发展模式，推进林业生物质能源利用。推进优质木竹资源定向培育与利用，提高生物固碳效率。强化木竹精深加工，推广清洁生产技术和环保设备，加快产业绿色转型。支持在有条件的地区优先推广使用木结构和木竹建材，积极拓展木竹材料在建筑、装饰、管道、包装、运输等领域的应用。鼓励地方建立健全木竹产品回收利用机制。开展关键技术攻关，提升木竹材料质量和稳定性，延长使用寿命和储碳时间。加强木竹产品标准体系建设和宣传推广，提升公众接受度以及规范行业、市场准入制度。

一问一答

Q：中国林草领域在应对气候变化方面取得了哪些成效？

A：构建林业和草原碳汇计量监测体系，巩固提升林业和草原碳汇能力，做好涉林涉草国际履约工作，强化林业生物质能源管理工作。

▲ 山西省临汾市永和县三北防护林覆盖造林工程

05 林草碳汇的重要功能和作用

森林是陆地生态系统的主体，是最大的碳库，对实现碳中和目标具有举足轻重的作用。草原、湿地有较强的储碳功能，也是陆地生态系统碳库的重要组成部分。恢复、保护草原和湿地不仅有利于提高固碳量，减少碳排放，对巩固、提升陆地生态系统储碳能力也有重要意义。林草增汇是一种基于自然的气候解决方案，具有成本低，生态附加值高，固碳量大等优势。

根据 2018 年提交的我国气候变化第二次两年更新报告，2014 年我国土地利用、土地利用变化与林业（LULUCF）领域生态系统碳汇量为 11.53 亿吨二氧化碳，占当年总排放的 11.2%，其中林地、草

大面积林海

地、湿地、农地碳汇量分别为 9.5 亿吨、1.09 亿吨、0.45 亿吨、0.49 亿吨。

中国科学院 2018 年发布的一项研究成果显示，2001—2010 年，陆地生态系统年均固碳 2.01 亿吨，相当于抵消了同期中国化石燃料碳排放量的 14.1%。其中，森林生态系统是固碳主体，贡献了约 80% 的固碳量。

根据第三次全国碳汇计量监测结果，2020 年全国林草碳储量 885.86 亿吨碳，其中林地碳储量 656.86 亿吨，草地 162.14 亿吨，湿地 58.11 亿吨，其他生物质 7.58 亿吨，收获的木质林产品 1.17 亿吨。2020 年全国林草碳汇量 12.62 亿吨二氧化碳，其中林地 8.63 亿吨，草地 1.06 亿吨，湿地 0.45 亿吨，其他生物质 0.58 亿吨，收获的木质林产品 1.9 亿吨。

▲ 山西省黑茶山三北防护林建设成效

南昆山国家森林公园

第二章
中国林草应对气候变化典型实践

在上一章的内容中，我们大体了解了气候变化的相关知识，也知道了应对气候变化的必要性。那么这些政策与理论，又是如何被一个个落实的呢？那就要从具体的实践讲起。从“林业碳票”到“平台建设”再到“造林项目”，我们将在这一章了解10个林草应对气候变化典型案例。希望这些真实的案例，能给你以启迪。

01 福建省三明市林业碳票

你听说过林业碳票吗？林业碳票是林地林木碳减排量收益权的凭证，相当于一片森林的固碳释氧功能作为资产交易的“身份证”。一片林子每年吸收多少吨二氧化碳，释放多少吨氧气，经第三方机构监测核算、专家审查、林业和相关部门审定，最终制发具有收益权的凭证就是林业碳票。该凭证被赋予交易、质押、兑现、抵消等权能。

福建省三明市是集体林权制度改革的策源地，也是探索集体林碳汇价值实现的先行者，早在2010年就营造了首片碳中和林。同年12月，三明市林业局起草了《关于建立林业碳汇激励机制助推老区山区

福建省三明市林业

发展的建议》，首次提出林业碳票的概念。2021 年 3 月，酝酿出了三明林业碳票的雏形。2021 年 5 月，举行了林业碳票首发仪式。三明市是如何在这么短的时间里，完成了从概念到落地的转变呢？这要归功于三明市的探索创新。

创新管理制度与计量方法

《三明市林业碳票管理办法（试行）》在全国是首创，对林业碳票的制发、登记、流转、质押、抵消、管理和监督等进行了规范，明确了部门职责、理清了工作流程。《三明林业碳票（SMCER）碳减排量计量方法》采用森林年净固碳量来衡量森林碳汇能力，更加准确地反映了林业在实现碳中和愿景中的重要作用，丰富了森林生态产品价值内涵和补偿渠道。

三明林业碳票正面

三明林业碳票

持有人及持有比例

身份证或机构代码证号

项目地点

项目面积　　　　亩　备案文号

监测期　　　　　监测期碳减排量　　　吨

编　号：　　　　制发单位：三明市林业局

日　　期：

三明林业碳票背面

• 创新首发与培育

2021 年 5 月 18 日，三明市举行了林业碳票首发仪式，颁发了全国首批林业碳票 5 单，涉及碳减排量 29715 吨；签约了全国首单林业碳票流转协议，成交金额 40845 元；签约了全国首批林业碳票收储协议（4 单），成交金额 199870 元；签约了全国首单 500 万元林业碳票授信贷款协议。农业银行三明分行向持有林业碳票的企业成功发放全国首笔林业碳票质押贷款 51 万元，人保财险三明市分公司对林业碳汇价格提供了保险。收储的 3 笔林业碳票也实现了交易。此外，政府鼓励和引导产权明晰的林业经营主体，参与林业碳票制发、流转、质押；林农个人可以采取自愿联合、依托集体经济组织或国有林业单位申请制发林业碳票，从供给端、需求端、服务端等不同层面培养碳票市场。

• 创新合作模式

2021 年 7 月，三明银保监分局印发《三明银行保险机构支持林票、碳票改革工作方案》，从构建专业化金融服务机制、建立多元化金融产品、支持完善多渠道金融服务配套等方面明确了 12 项具体措施。三明司法系统引入“生态司法 + 碳汇”工作机制，通过认购碳汇量替代修复生态环境。

通过三明碳票的改革，缩短了林业碳汇项目开发周期、降低了开发成本。同时，拓展林业碳汇项目范围，把可开发中国核证自愿减排量（CCER）项目之外的森林全部用来颁发碳票。还提高了森林生态价值实现能力，调动了造林育林的积极性。

五彩森林

一问一答

Q：三明市什么时间举行的林业碳票首发仪式？取得了怎样的成绩？

A：2021年5月18日，三明市举行了林业碳票首发仪式，颁发了全国首批林业碳票5单，涉及碳减排量29715吨；签约了全国首单林业碳票流转协议，成交金额40845元；签约了全国首批林业碳票收储协议（4单），成交金额199870元；签约了全国首单500万元林业碳票授信贷款协议。

▲ 福建省三明市桃源镇双人合抱的参天大树

赫章县海雀村森林资源

02 贵州省毕节市林业碳票

福建省三明市在林业碳票上的探索，给了许多城市启示，其中就包括贵州省毕节市。曾经的毕节市，石漠化严重，生态极其脆弱。群众为了生存，把刀斧举向本就脆弱的林子，毁林开荒，生态遭到毁灭性破坏。1988 年，全国唯一一个以“开发扶贫、生态建设”为主题的毕节试验区成立。毕节市拉开了生态文明建设的大幕。

为把绿水青山转化为“金山银山”，毕节市积极践行“双碳”战略，以“碳汇交易”为突破口，通过明确要件“制票”、完善流程“发票”、拓宽渠道“用票”、协作联动“管票”，创新实现生态产品价值的“碳票”机制，用一张林业碳票将一片树林固碳释氧量作为资产进行交易的“凭证”，就能从“绿色银行”里取款，助力毕节深入推进贯彻新发展理念示范区建设。

2021 年 12 月，毕节市决定启动林业碳票工作。经过赴三明市的实地考察，在贵州省林业局的指导、帮助下，制订了《毕节市林业碳票碳减排量计量方法（试行）》，为全市林业碳票项目开发利用、监测计量与评估提供了依据；率先在全省印发了《毕节市林业

林业碳票监测现场

▼ 毕节市织金县丰富的林业资源

碳票管理办法（试行）》，为该市林业碳票管理工作提供了支撑，为全省首张林业碳票的发行奠定了基础。

2022 年 2 月 15 日，毕节市林业局向毕节市农投公司颁发了贵州省第一张林业碳票，已获得贵州银行毕节分行授信 500 万元、放款 200 万元。同年 4 月，毕节市向赫章县海雀村颁发了贵州省第二张林业碳票，这也是全省第一张集体林碳票，按当前市场价，该碳票预计可实现碳交易价值 104 万元。

青出于蓝而胜于蓝。贵州省毕节市在考察、借鉴福建省三明市的成功经验的同时，也根据当地的实际情况，不断进行调整、创新，走出了一条属于自己的“碳”索之路。

● 创新森林碳汇交易模式

建立、完善了《毕节市林业碳票管理办法》《毕

贵州省赫章县海雀村森林

2022年7月14日，毕节市毕绿生态绿色产业发展有限公司工作人员展示申办到的贵州首张林业碳票

节市林业碳票碳减排量计量方法》，创新林业碳汇交易模式，以毕节市林业碳票为载体，探索了“林业碳票＋金融”“林业碳票＋碳中和”“林业碳票＋生态司法”“林业碳票＋保险”等方面的利用途径，以林业碳票实物为凭证开设碳账户，推行碳账户管理，同

时建立毕节市林业碳票交易管理信息系统，以规范林业碳票交易方式，推动区域性林业碳汇交易，制订出台《毕节林业碳票交易管理办法》。

- 创新金融支持林业碳汇价值实现方式

创新林业碳汇融资新模式。以毕节市创建国家级普惠金融改革试验区和绿色金融创新发展为契机，引导金融机构创新绿色信贷产品，通过以林业碳票为载

贵州省赤水市竹林

体，探索开展林业碳汇融资新模式，探索“质押型”融资、“增信型”融资、“混合型”融资等；支持金融机构拓展林业碳汇业务，例如“负债端”业务、“增值型”业务、“保险型”业务等。

改革的过程总是一边花团锦簇，一边崎岖波折。但相信在福建三明市和贵州毕业市的带头示范下，未来将会有更多城市加入这条“碳”索之路。

一问一答

Q：贵州省毕节市是如何创新森林碳汇交易模式的?

A：建立、完善了《毕节市林业碳票管理办法》《毕节市林业碳票碳减排量计量方法》《毕节林业碳票交易管理办法》，同时以毕节市林业碳票为载体，探索了“林业碳票＋金融”“林业碳票＋碳中和”“林业碳票＋生态司法”“林业碳票＋保险”等方面的利用途径。

贵州省三都县珠防工程人工造林

03 上海市探索构建城市森林碳汇智能监测与核算平台

推动城市绿色低碳建设，是实现碳达峰碳中和目标的重要组成部分，作为一道必答题，考验着城市管理者的智慧、眼界和决心。上海是中国最大的经济、金融、贸易、航运、航空、港口城市，在中国经济、金融、工业的发展中具有举足轻重的地位。因此，推动上海市绿色低碳建设，更是重中之重。

作为一项重要的基础性、全局性工作，建设全国林业碳汇计量监测体系，测准、算清全国林业碳汇现状及其变化，是服务国家应对气候变化的重大工作。2012年，上海被纳入全国林业碳汇计量监测体系试点工作，先后于2016年、2018年和2021年完成了3次全国土地利用、土地利用变化与林业碳汇计量监测工作。结合卫星遥感、无人机遥感、地面监测等技术，集合中高分辨率、多光谱、高光谱遥感、地面监测、地面调查等数据，集成了城市林地生态质量数据监测平台。结合不同尺度、不同分辨率遥感影像和地面数据，采用遥感技术手段，构建多尺度

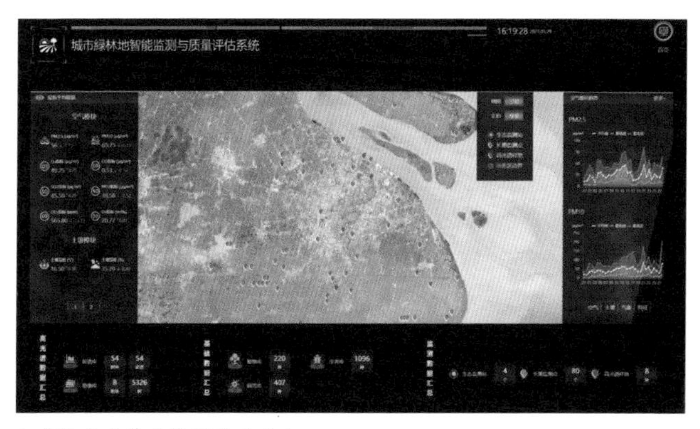

林地生态质量数据展示平台

林地信息提取和质量评估方法。基于城市森林资源遥感信息数据，结合气象数据、环境因子等，采用生态系统生产力模型，研发了城市森林碳汇智能测计系统，为量化城市森林固碳能力及其空间分布提供了科技支撑。

此项工作对上海生态环境建设具有重要意义，研究成果能够为国家参与全球气候国际谈判争取话语权提供数据支撑；集中体现上海从无到有、逐步上升的林业建设成果，逐步量化上海生态资源的生态服务价值；为林业碳汇进入上海碳排放权交易奠定基础，培育和发展碳金融市场。

水源卫士，风沙屏障

一问一答

Q：截至 2021 年 12 月底，全国土地利用、土地利用变化与林业碳汇计量监测工作共完成了几次，分别是哪年？

A：截至 2021 年 12 月底，共完成了 3 次，分别是 2016 年、2018 年和 2021 年。

▲ 常绿阔叶林

04 江西省于都县提升森林质量和增加森林碳汇

于都县，隶属江西省赣州市，位于江西省南部，赣州市东部，贡水中游，总面积2893平方千米。

于都县立足“大县大作为、绿色新长征”的定位，把低质低效林改造工作作为彰显生态优势、改善人居环境、提升城乡品质、助力乡村振兴和碳达峰碳中和的重要抓手，把低质低效林改造与重点防护林工

巾帼护绿队

2022 年 5 月，低质低效林改造一年后成林效果图

程建设、森林“四化”建设有机结合、一体推进。针对不同地类、林分精准施策，坚持高标准造林，坚持适地适树、科学搭配选择树种，6 年累计完成造林绿化低质低效林改造 3.67 万公顷，连续多年获评江西省赣州市低质低效林改造工作先进县。通过抓点示范、以点带面、点线结合，于都县全域森林质量稳步提升，碳汇能力显著增强。

▼江西省大余丫山森林太极

一问一答

Q：江西省于都县6年累计完成多少低质低效林改造?

A：3.67万公顷。

2022年5月，低质低效林改造两年后成林效果

05 青海省湟水规模化林场碳汇造林项目

青海省湟水规模化林场是中国首批三个规模化林场试点之一，规划总面积 23.8 万公顷，规划区域为西宁市区及所辖湟源、湟中、大通 3 个县，海东市乐都区、平安区和互助、民和 2 个县湟水河及其支流两岸山体，辖区涉及 2 个市、7 个县（区）、79 个乡镇，总人口约 353 万人。

青海省湟水规模化林场造林项目景观

青海省湟水规模化林场碳汇造林项目是中国西北地区首个基于国际核证碳减排标准（VCS）及气候、社区和生物多样性标准（CCB）的造林碳汇项目，以综合、可持续的方式提供可信的、显著的气候、社区和生物多样性效益。

2014—2016 年，该项目在青藏高原地区西宁市和海东市完成了 3.89 万公顷荒山造林。2014—2019 年，首期产生了 254675 吨二氧化碳当量的温室气体移除量，对减缓区域温室气体排放作出了实

青海省湟水规模化林场造林项目景观

质性贡献，创新了森林资源保护、运营管理、增值变现模式。项目实施后，当地森林覆盖率由2015年的30%提升至2020年的36%，还提供了3.5万个工作机会，参与整地、栽种、浇水等造林工程的农民人均年增收超过1.2万元。

该项目在森林资源保护、运营管理、增值变现等

方面具有创新性，改变了传统公益林建设只有生态效益没有经济效益、只有投资没有收益的现状，为中国西北干旱区不同类型生态系统碳汇项目的开发提供了可以借鉴的模式。因此，该项目被亚洲开发银行2021年出版的《亚太地区应对气候变化100个行动案例》收录。

青海省湟水规模化林场造林项目景观

一问一答

Q：青海省湟水规模化林场碳汇造林项目为什么能被亚洲开发银行 2021 年出版的《亚太地区应对气候变化 100 个行动案例》收录?

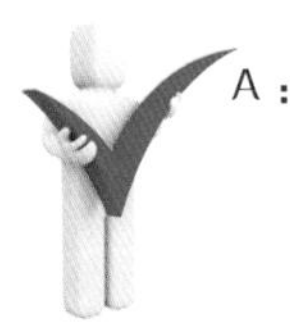

A：该项目在森林资源保护、运营管理、增值变现等方面具有创新性，改变了传统公益林建设只有生态效益没有经济效益、只有投资没有收益的现状，为中国西北干旱区不同类型生态系统碳汇项目的开发提供了可以借鉴的模式。

▼ 项目区观测到的国家二级重点保护野生动物纵纹腹小鸮

四川省阿坝州红原瓦切国家草原自然公园

06 四川省诺华川西南林业碳汇、社区和生物多样性造林再造林项目

诺华集团秉持“扎根中国，承诺中华”的理念，长期以来坚持可持续发展战略，在日常运营中的各个环节高度重视对环境的保护，致力提高能源利用效率、降低温室气体排放，同时积极携手政府及环保组织在全球开展多个环保项目。

诺华川西南林业碳汇、社区和生物多样性造林再造

林项目（简称诺华碳汇项目）由诺华集团、四川省林业厅、中国大自然保护协会（TNC）、四川省大渡河造林局共同开发，并得到了凉山彝族自治州林业局、北京山水自然保护中心的大力支持。

诺华碳汇项目位于以大熊猫等珍稀物种为主要保护对象的生物多样性热点地区，所选区块全部位于水土流失严重的长江上游，覆盖的均是在20世纪50至80年代被采伐后没有得到恢复的退化土地。规划在四川省的17个乡（镇）27个村的部分退化土地上建立多功能人工林4196.8公顷。项目造林活动从

四川省甘孜藏族自治州理塘国家草原自然公园夏季风光

2011年开始，为期4年，预算总投资约1亿元人民币；项目计入期为30年（2011—2041年），在计入期内预计产生减排量120.6万吨二氧化碳当量。

诺华碳汇项目是我国第一个与外资企业直接合作的造林减碳项目。通过林业碳汇项目实践，探索出了可复制、可推广的协同创新发展模式，开创了四川林业碳汇发展的先河，为更多企业加入应对气候变化行

四川甘孜藏族羌族自治州理塘国家草原自然公园

动提供了示范案例。

因此，该项目入选《中国落实2030年可持续发展议程进展报告》经典案例，被联合国《生物多样性公约》秘书处、《生物多样性公约》第十五次缔约方大会筹备工作执行委员会评为“生物多样性100+全球典型案例”，在国内、国际产生了较大影响。

一问一答

Q：我国第一个与外资企业直接合作的造林减碳项目是什么？

A：诺华川西南林业碳汇、社区和生物多样性造林再造林项目。

▼ 碳汇造林成效

07 浙江省衢州市"林业碳账户+"

2021年5月，衢州市启动了六大领域碳账户并将林业领域纳入碳账户体系建设。建设主要围绕"1131模式"展开，即建设1个林业碳账户平台，厘清林业碳汇1本账，推广"碳账户+碳普惠""碳账户+项目开发""碳账户+碳金融"3个应用场景，形成1套支持林业碳汇项目开发的政策制度体系。

一是建设一批森林碳库试点项目。通过开展造林，战略储备林、美丽生态廊道、健康森林建设，竹林经营和森林保护等方面工作，培育优质高效的森林"碳库"，根据国家CCER方法学（修订后）、浙江区域碳汇交易和浙江林业碳普惠方法学，开发森林碳汇试点项目。

二是建设林业碳账户1个平台。通过完善用户账号体系、丰富项目开发应用场景、对接林业智能化平台、联通金融服务平台等，推进林业碳账户平台的迭代升级，以林业碳账户平台为"底座"，建立多种方法学、多个交易市场智能推荐的林业碳汇项目开

钱江源国家公园

发的管理机制，推动场景融通，实现林业碳汇开发总集成。

三是厘清林业碳汇1本账。政府端实现碳汇资源、项目位置、已开发项目、储备项目、碳汇交易和监督审核等一屏展示和管理，实时掌握碳汇项目开发动态及资源现状，为森林经营和林业碳汇开发及政策补助决策提供依据。企业端实现经营主体信息、矢量上图、项目审报、项目监测和项目签约等一屏展示和管理，实时掌握碳汇项目开发动态情况。

四是建立“3”个应用场景。通过开展林业碳普惠项目、建设林业碳汇项目储备库、推广“林业碳汇＋”，打造“林业碳账户＋碳普惠”“林业碳账户＋项目开发”“林业碳账户＋碳金融”三大标志性应用场景，引导社会公众优先购买碳中和产品、培育绿色消费风尚，提升碳汇价值和绿色消费意识。

五是形成1套政策制度体系。围绕林业碳账户建设，建立工作推进与组织领导机制、林业碳汇研究合作机制、绿色金融保障机制和林业碳汇科普工作机

浙江省衢州市乌溪江国家湿地公园

制，形成1套支持林业碳汇工作建设推进的政策制度体系。

依托林业碳账户平台，构建“碳汇空间规划—碳汇项目开发—碳汇收储—平台交易—林碳应用—收益反哺”的全链条闭环管理体系，建成连通政府管理上游、百姓共富下游的纽带，成为“双碳”精准智治平台“底座”。

一问一答

Q：什么是“1131模式”？

A：即建设1个林业碳账户平台，厘清林业碳汇1本账，推广“碳账户+碳普惠”“碳账户+项目开发”“碳账户+碳金融”3个应用场景，形成1套支持林业碳汇项目开发的政策制度体系。

江郎山

08 浙江省丽水市生态产品价值实现机制

丽水市位于浙江省西南部，森林覆盖率达 81%，是瓯江、钱塘江、闽江等“六江之源”，为华东地区提供了丰富优质的生态物质产品和调节服务、文化服务产品，是华东地区重要的生态安全屏障，为保障区域生态安全发挥了重要作用。

从 2006 年开始，丽水市积极挖掘生态产品潜力，探索绿水青山转变为“金山银山”的通道，在全国率先开展“扶贫改革”“农村金改”“林权改

拥抱蓝天

国家一级重点保护野生植物——冷杉

革”“河权到户”等机制创新，是全国“农村电商”的发源地和辐射中心，不断探索将生态资产转化为生态资本的新机制。

先行试点，奠定了交易基础

丽水市先行先试，龙泉市已率先成为浙江省第一批林业增汇试点县，庆元县庆元林场是浙江省第一批林业碳汇先行基地。出台了《浙江省丽水市森林经营碳汇普惠方法学》《丽水市银行业保险业林业碳汇金融业务操作指引（试行）》等行业规范和标准，开发并完成森林碳汇交易项目8个。其中，龙泉市、

△“醉美”凤阳湖

遂昌县、庆元县都小范围尝试了林业碳汇项目的开发和交易，为之后全市林业碳汇项目的大规模开发交易奠定了基础。

● 市场推动，搭建了碳汇交易平台

华东林权交易所是原国家林业局批准同意的全国首个林业碳汇交易试点平台，也是浙江省唯一一家保留的林业类交易场所。2011 年，华东林权交易所率先开展全国林业碳汇交易试点。2020 年，丽水市人民政府启动对华东林交所的重组工作。重组后的华东

林权交易所致力于发展生态产品价值转换平台，争取成为长三角区域的碳排放权交易平台、全国范围的生态资源评级认证和交易平台。

丽水市打造了“丽水山耕”“稻鱼共生”等多种模式，促进了生态农业、健康医药、旅游等生态型产业的发展，在生态产品价值实现和转化方面创立了多样性模式，积累了丰富的经验。秀山丽水，生机盎然，相信通过丽水市的不断探索与实践，定然会有日新月异的变化与发展。

一问一答

Q：全国首个林业碳汇交易试点平台是什么？

A：华东林权交易所。

▲ 山花烂漫

09 江西省“湿地银行”

湿地是有着多功能的、富有生物多样性的生态系统，是人类最重要的生存环境之一，被誉为“地球之肾”。提到湿地，大家或多或少都有一些了解，可以举出许多身边的例子，但“湿地银行”可能就不是那么广泛地为人们所了解。

2021 年 8 月，江西省林业局、发展改革委及自然资源厅印发《江西省“湿地银行”建设试点实施方案》，搭建全省统一的“湿地银行”信息化管理平台，在万年、资溪、进贤、都昌、南丰、崇义、上栗 7 个

江西万年县湿地

县开展“湿地银行”建设试点，打通了湿地修复投融资渠道，在推动湿地生态治理市场化运作的同时，也将湿地生态价值转化成经济价值。

● 积极探索开发湿地相关金融产品

创新湿地资源信用贷款模式及普惠金融、乡村振兴金融、绿色生态金融等业务模式，为湿地生态修复主体解决融资难问题。此外，还与保险公司进行了对接，探索开发湿地占补平衡指标保险产品，为指标交易各方提供权益保障。

● 建立湿地生态修复反哺机制

为充分保障湿地占补平衡交易过程中乡镇、村集

江西万年县湿地

体、农民的权益，对通过湿地资源运营中心成交的项目，按项目登记交易金额的40%标准对湿地后备资源所在地乡镇进行奖补，并设立基金用于项目后期维护和管理。在农民、村集体自愿的前提下，鼓励他们主动新建湿地并参与湿地占补平衡指标交易，待交易完成后，财政按分层计费方式进行计算并对其给予补助，让老百姓真正享受到湿地生态修复带来的红利。

积极拓宽湿地生态产品价值实现通道

为充分挖掘湿地资源的经济潜能，鼓励产权主体通过自主、合作、委托等多种模式，对湿地后备资源进行生态修复。修复好的湿地不仅可以用于湿地指标交

易，还鼓励湿地产权主体在不改变湿地基本特征和生态功能的前提下，合理利用湿地生物、景观、人文等资源，有序发展水生蔬菜和水生观赏植物种植、农牧渔复合经营、生态旅游、自然科普教育等湿地生态环境友好型农业，进一步提升湿地资源可持续利用价值。

“湿地银行”机制创新，以维护和提升湿地生态系统功能为主线，以创新湿地生态治理投融资机制为重点，以发展壮大湿地富民产业为特色，以实现湿地总量管控和经济社会发展双赢为导向，开创了我国湿地生态治理和湿地生态产品价值实现新模式。

一问一答

Q：江西省哪 7 个县率先开展“湿地银行”试点?

A：万年县、资溪县、进贤县、都昌县、南丰县、崇义县、上栗县。

江西万年县“湿地银行”

10 咸阳市林业碳汇试点建设

咸阳是中国首个统一的封建王朝秦的都城，位于陕西省八百里秦川腹地，渭水穿南，嵕山亘北，山水俱阳，故称咸阳。咸阳身处华夏历史文化长河的发端，是秦汉文化的重要发祥地。咸阳不仅有深厚的文化底蕴，还有丰富的生态资源。

为加快建立健全生态产品价值实现机制，将咸阳

咸阳市西庙头林场

的绿水青山转化为“金山银山”，2021 年，咸阳市率先在西北地区开展了林业碳汇试点工作，组织编制了《咸阳市林业碳汇规划》《咸阳市绿色碳库试点示范市实施方案》，联合市发展和改革委员会、市自然资源局、市生态环境局、市金融协调服务中心等部门印发了《咸阳市林业碳票管理办法（试行）》《咸阳市林业碳票碳汇计量办法（试行）》，明确部门职责，厘清工作流程，为林业碳汇试点提供了制度保障。

▼ 咸阳市乾陵风景林场

咸阳市泾河湾

同时，咸阳市林业局对全市森林资源进行了外业调查，依据《全国林业碳汇计量监测技术指南》进行了测算；在旬邑县建设“百万亩绿色碳库”试点示范基地，投资1200万元，建设碳汇林720万公顷，建

设监测站 1 个；依托北京林业大学、中国科学院等专家团队，以各类林业资源调查成果为基础，运用遥感和地理信息技术，结合地面调查，准确查清了森林各碳库碳储量现状、变化和空间分布。

一问一答

Q：咸阳市林业碳汇试点建设有哪些制度保障？

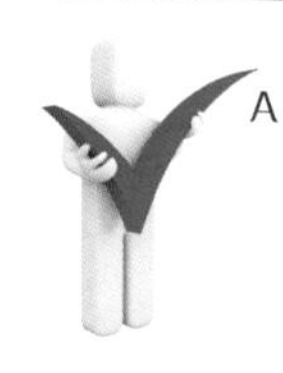

A：组织编制了《咸阳市林业碳汇规划》《咸阳市绿色碳库试点示范市实施方案》，印发了《咸阳市林业碳票管理办法（试行）》《咸阳市林业碳票碳汇计量办法（试行）》，明确部门职责，厘清工作流程。

▼ 咸阳市石门国有生态林场

拍　　摄：（按姓氏笔画排序）

王　龙　孙　阁　牟景君　杜宇宙
李　威　李益华　张力军　张利彬
阿　涛　陈胜昌　陈祖培　林建民
敖　东　黄　海　曹中有　曹龙根
景慎好　廖林进

图片提供：国家林业和草原局生态保护修复司
福建省三明市林业局
贵州省毕节市林业局
上海市林业局
江西省林业局
青海省林业和草原局
四川省林业和草原局
浙江省林业局
江西省林业局
咸阳市林业局
广东省林业局
江山市林业局